U0155739

树变成草是
真的吗？

植物たちの フシギすぎる 進化

[日]稻垣荣洋 / 著

沈于晨 / 译

贵州出版集团
贵州人民出版社

SHOKUBUTSUTACHI NO FUSHIGISUGIRU SHINKA by Hidehiro Inagaki

Illustrated by Toshinori Yonemura

Copyright © Hidehiro Inagaki, 2021

Original Japanese edition published by Chikumashobo Ltd.

This Simplified Chinese edition published by arrangement with Chikumashobo Ltd., Tokyo, through Tuttle-Mori Agency, Inc.

Simplified Chinese translation copyright © 2024 by United Sky (Beijing) New Media Co., Ltd.

图书在版编目（CIP）数据

树变成草是真的吗？/（日）稻垣荣洋著；沈于晨译. – 贵阳：贵州人民出版社，2024.1

（Q文库）

ISBN 978-7-221-18172-5

Ⅰ.①树… Ⅱ.①稻… ②沈… Ⅲ.①植物－青少年读物 Ⅳ.① Q94-49

中国国家版本馆 CIP 数据核字（2023）第 255725 号

SHU BIAN CHENG CAO SHI ZHEN DE MA？

树变成草是真的吗？

[日] 稻垣荣洋 / 著

沈于晨 / 译

选题策划	轻读文库	出 版 人	朱文迅
责任编辑	刘旭芳	特约编辑	李芳铃

出 版	贵州出版集团 贵州人民出版社
地 址	贵州省贵阳市观山湖区会展东路 SOHO 办公区 A 座
发 行	轻读文化传媒（北京）有限公司
印 刷	北京雅图新世纪印刷科技有限公司
版 次	2024 年 1 月第 1 版
印 次	2024 年 1 月第 1 次印刷
开 本	730 毫米 × 940 毫米　1/32
印 张	2.625 印张
字 数	47 千字
书 号	ISBN 978-7-221-18172-5
定 价	25.00 元

关注轻读

客服咨询

目录

第1章

———

速度之战，胜者为谁？

速攻战术

"好了，剩下的时间已经不多，能定好目标吗？"

足球比赛的时长是既定的，所以一旦比赛进入最后阶段，所剩时间越来越短，赛事就会愈发刺激，心情也会愈发紧张。

足球有很多种进攻战术。

比如做好准备以后慢慢发动进攻，或者在前线将球大力踢出后，由速度快的球员一口气射门。

那么，在剩余时间很短的情况下，哪种进攻战术更加有效呢？

调整阵型是个好办法，但一旦阵型发生改变，所有球员都需要移动位置，所以很浪费时间。

而在前线将球大力踢出的速攻战术虽然做不到万无一失，但可以凭借速度取得压倒性胜利。如果目标是在短时间内实现一球逆袭，那么不顾一切地在前线猛烈进攻——这种战术的胜算显然更大。

接下来，我们来聊聊恐龙时代的故事。

有些植物找到了类似足球进攻的获胜方法，然后完成了进化。它们就是单子叶植物。

大家听说过单子叶植物吗？

单子叶植物的叶子特征如下：

有多条竖线分布，这些竖线是输送水分和养分的叶脉。

足球比赛的最后阶段，踢球快的球员一口气射门

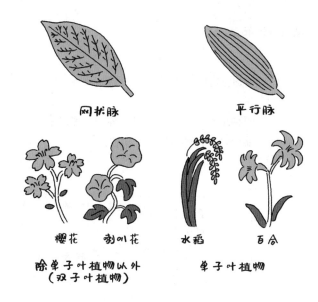

网状脉

平行脉

樱花　　剌叭花　　　水稻　　　百合

除单子叶植物以外　　　单子叶植物
（双子叶植物）

　　单子叶植物的叶脉呈笔直状，如同球员在前线径直射门一样。这种叶脉被称为"平行脉"，可以理解为一种能尽快将水分和养分输送到叶子前端的结构。

　　那么，除了单子叶植物以外的其他植物呢？它们又是什么样的？

　　其他植物的叶子中间有一条纵向的粗叶脉，然后从某处开始分支——这种叶脉被称为"网状脉"，它能够切实地将水分和养分输送到叶子的每个角落。

　　但是，这种方法和足球比赛中调整阵型的战术一样，很费时间。

　　因此，单子叶植物因为更重视速度而选择让叶脉呈纵向分布。

追求速度的进化

以下两种结构中，你认为哪一种的运输速度更快
呢？请根据你对二者外观的印象回答。

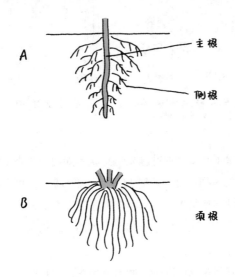

二者均为植物的根部。A的根部中间是一条纵向
的粗根，称为"主根"，两侧为横向分支的细根，称
为"侧根"。B的根部则是多条呈纵向分布的根。

A的根能从土壤的各个角落吸收水分和养分，毫
不浪费，但调整根部的状态相对来说比较费时间。

B的根则呈伸展状，可以立刻吸收水分和养分，在速度方面似乎更胜一筹。

其实，B是单子叶植物的根，可见单子叶植物连根部也非常重视速度。

A植物是双子叶植物，B植物则是由双子叶植物进化而来的单子叶植物。A是双子叶植物的根，不追求速度，只讲求稳稳地扎根。

我们人类做事时，有时会被告知"粗糙也无妨，赶紧做完"，有时也会被告知"慢慢来没关系，做得仔细一些"，对吧？其实，"粗糙但快速"就是单子叶植物，"缓慢但仔细"就是双子叶植物。

求快还是求准？

接下来如何呢？

叶片内输送水分和养分的管道被称为"叶脉"。水分和养分所流经的管道——维管束，从根部一直延伸至叶片。这样说来，其实叶脉就是贯穿整片叶子的维管束。接下来，我们再来看看贯穿茎部的维管束吧。图示的茎部断面图展现了两种以不同方式排列的维管束，那么，哪一种更重视速度呢？

A的维管束较整齐，如同设计精美的圆环，其排列形态称为"形成层"，这种整齐的形态可以准确地将水分和养分输送到植物体的各个角落。

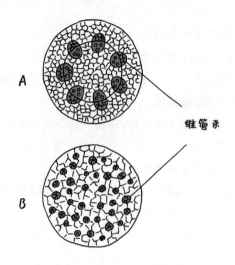

维管束

B的维管束则很凌乱，看不到形成层，好像只要能输送水分就行，给人的感觉是"粗糙但快速"。B就是单子叶植物的维管束。

一片叶子，无穷奇妙

植物最早长出来的叶子称为"子叶"。双子叶植物一开始会长出"双叶"，即两片叶子；与之相对，单子叶植物因为只有一片子叶而得名"单子叶植物"。

重视速度的单子叶植物连子叶的数量都那么简单。

话虽如此，但我觉得子叶是两片还是一片，其实对于速度的提升并没有太大影响。难道说只有一片子叶会更有利吗?

实际上,就算仅仅是一片子叶,我们也并不清楚它能将速度提升到什么程度。

大家或许会觉得,啊?连这个都不知道吗?

是的,我们甚至连这个都不知道。

听到这个回答,你是会觉得很失望,还是感到很兴奋呢?

大家从教科书中学习知识,或许觉得自己已经了解世间万物。这么说也没错,毕竟教科书这种书籍已经经历了诸多研究,记录的全都是人类已知的事情。尚未明白的事并不会被教科书切确地书写。

但实际上,世界上有很多不可思议的事情。

比如,单子叶植物的子叶为什么只有一片?我们连这些事情都还不知道。

世界上还有很多很多诸如此类的、人类解不开的谜题,即便现代科学已经有了很大进步,但到目前为止,人类仍然无法制造出一片叶子。

那么,单子叶植物为什么成功地进化成了"快速型植物"呢?

原因未知,但我们推测这是为了应对不规律的环境变化。

植物在稳定的环境中可以慢慢生长。但如果环境很不稳定,比如发生洪水、塌方等,那植物就没有时间慢慢来,而需要快速开花、快速播种。

重视速度的单子叶植物几乎都成了生长速度很快的草，而没有长成高大的树木。其实"草"正是植物为了提升速度而进化成的一种形态。

　　此外，双子叶植物中也出现了进化为草的新形态，所以，有些双子叶植物会长成树，也有些双子叶植物会长成草。

第2章

———

促使恐龙进化的植物

回转寿司和不转寿司的诞生！

植物包括树干坚硬、个头高大的树和茎很柔软的草。

你可能会以为高大的树才是进化后的形态，但其实草的进化程度更高。

当然，也不是说植物从一开始就是高大的树。植物最初是漂浮在水中的浮游植物，后来变成海藻和水草之类的存在，再后来进化到陆生，但依然十分孱弱，和苔藓植物一样离不开水。但真正迁移到内陆以后，由于长得越高才能沐浴到更多的阳光，所以当植物进化成蕨类时，已经长成了非常高大的树。

不过，如同之前所说，单子叶植物作为最先进的进化形态，已经再次进化成了一种名为"草"的新形态。因此，几乎所有的单子叶植物都是草。

后来，或许是由于草的优越性十分突出，部分双子叶植物也接连进化为草。由此，双子叶植物既包括树，也包括草。

好像很复杂对吧？

我们来打个比方，从前出现了一种具有划时代意义的新型寿司店，名为"回转寿司"。它的价格便宜，出餐又快，由机器人负责捏米饭，临时工来制作寿司。

而普通的寿司店虽然没有发生任何变化，但为了

　　　　　　　　第2章　促使恐龙进化的植物

和"回转寿司"有所区别，名字就变成了"不转寿司"。具有划时代意义的单子叶植物诞生以后，它和双子叶植物的区别也同理。

但是，"不转寿司"店也出现了新类型。匠人制作的高级寿司固然很好，但考虑到既便宜出餐速度又快的寿司也不错，于是商家引进了机器和临时工，因此出现了像家庭式餐厅一样的寿司店。这种寿司店的寿司价格低廉，出餐很快，同时也不回转，它的诞生就如同出现了长成草的双子叶植物一样。

这个比喻会不会更难理解？

不过，或许人们都会认为"复杂的树中诞生了简单的草"这件事，比起进化更像退化。

可其实，并不是所有的进化都庞大且复杂，也有些进化细微且简单。

比如，蛇原本是四足动物，但为了能在狭窄的地方以及土壤里自由活动，便舍弃了多余的脚；又比如，人类的祖先猿猴以前有尾巴，但因为尾巴毫无用处，后来就消失了——这些都是进化。

三角龙的诞生

大家知道一种名叫三角龙的恐龙吗？

三角龙的外形与牛和犀牛类似，食草，出现于恐龙时代后半期的白垩纪。

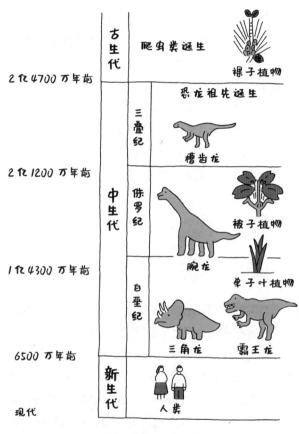

| 古生代 | | 爬虫类诞生 | 裸子植物 |

植物的进化影响了恐龙的进化

实际上，这类恐龙的诞生就是因为地球上出现了草，而草就是指单子叶植物。

在草出现以前，植物变得越来越高大，并形成了森林。因此，以植物为食的草食动物为了能吃到树叶而进化出了长脖子。于是，脖子很长的大型恐龙们成了地球的主宰者。

然而当单子叶植物"草"出现以后，就渐渐诞生了像三角龙那样以地面的草为食的短脖子恐龙。

就这样，双子叶植物"树"进化成了单子叶植物"草"，两者的外观截然不同。单子叶植物的出现是一个划时代的里程碑，这一革命性的大事件甚至影响到了恐龙的进化。

进化速度加快

"单子叶植物"的出现的确是一场革命性的进化。这种革命性的进化是如何实现的呢？

恐龙在中生代侏罗纪和白垩纪这两个地质年代十分繁盛，白垩纪出现了霸王龙和三角龙等进化后的恐龙。因此，人们普遍认为单子叶植物就诞生于白垩纪。

但在此之前的侏罗纪曾发生过一场划时代的进化，加快了植物进化的速度。

这就是植物从"裸子植物"进化成了"被子植物"。

"裸子植物"和"被子植物"在汉字中只有一字之差，而且这两个汉字非常相似。

如果写下一串词组：裸子植物、裸子植物、裸子植物、被子植物、裸子植物、裸子植物、裸子植物、裸子植物，真的很难发现被子植物在哪里——它们就是如此相似。

但是，"裸"字的意思是"光着，什么也不穿"，而"被"字的意思则是"穿着衣服"，因此虽然只有一字之差，意思却大相径庭。

学校的理科教科书中写道："裸子植物指'胚珠裸露在外'的植物，被子植物则指'胚珠被子房包裹，未裸露在外'的植物。"

裸子植物因为胚珠裸露在外，所以使用"裸"字，取名"裸子"；被子植物则因为胚珠被包裹着，所以使用"被"字，取名"被子"。

我觉得胚珠是否裸露在外这一点其实无关紧要，但这种保护胚珠的结构对于植物进化的速度来说却非常重要。

快餐即速食

我们在汉堡店点餐时可以立刻拿到汉堡，同样，我们在牛丼饭连锁店点餐时，牛丼饭也会马上上桌。

因为这些都是预先烹饪好的食物，只要客人到店，就可以立即上菜。

但有些高级的鳗鱼店则是在客人点餐之后才开始处理活鳗鱼，所以在这样的店里，鳗鱼饭要花很长时间才能上桌。

事实上，被子植物就是一种类似汉堡店和牛丼饭连锁店的划时代形态。

胚珠为种子的前体，它的存在至关重要。

裸子植物的胚珠虽然裸露在外，但成熟的胚珠其实并不能承受风吹雨打。因此，植物会在确认有花粉后才让胚珠成熟并开始准备受精，就像鳗鱼店接到点餐后才开始烹饪一样，很费时间。

被子植物则将胚珠置于子房中保护，因此可以在

花朵断面图

裸子植物

松的雌花

鳞片

胚珠

因为要有了花粉才会成熟，所以无法立刻受精

被子植物

雌蕊

胚珠

因为胚珠已经成熟，所以可以马上受精

花粉到来前就提前让胚珠成熟，一旦收到花粉就立刻受精生产种子，恰似点单后即刻出餐的汉堡店一样，讲求速度。

实际上，裸子植物从收到花粉到受精为止需要花费几个月至一年多的时间，不过被子植物最慢也只需要几日，快的话甚至几个小时就能完成受精。

这也是一种速度提升啊。

被子植物接二连三地生产种子，不断地进行世代交替。生物在父母辈到子女辈再到孙辈的世代交替中进化，如果交替在短时间内进行，那么进化也会同期推进。由于植物加快了世代交替的速度，进化速度也随之提升。

速度提升不止

这样一来，植物进化的速度就不会停止。

植物在进化过程中也获得了礼物，那就是带有花瓣的美丽花朵。

美丽的花朵会招来各种各样的昆虫，这些昆虫又会帮助花朵搬运花粉。

原先裸子植物依靠风力传播花粉，所以它们的花朵无须为了吸引昆虫而装扮得很漂亮，因为它们的传播媒介只有风。可这种方法安全送达花粉的概率并不高。

如果由昆虫搬运花粉，则能切实地将花粉送达。因此植物们为了吸引昆虫，就进化成了能开出美丽花朵的形态。据悉，三角龙就是以有着美丽花朵的植物为食的。

第3章

——

如何建立最佳合作关系

虽然不借助别人的力量只靠自己努力很棒，但和他人互相帮助也同样重要。

植物也和各种各样的生物相互依存。

例如，植物的花朵为昆虫提供花蜜，而昆虫则帮它们传播花粉，这就是互相帮助。

那么，植物和昆虫是如何建立起如此优秀的合作关系的呢？

糟糕的相遇！

大家第一次交朋友时并不顺利吧？

植物和昆虫也一样。

在进化的过程中，植物和昆虫初次见面时的关系绝对算不上友好。

被子植物诞生于恐龙时代末期。据推测，当时的被子植物和裸子植物一样，都借助风力传播花粉。

原本，昆虫是因为要食用花粉才飞向花朵，也就是说，飞来的昆虫对于植物来说其实是害虫。

但是！发生了一件妙事！

贪吃花粉的昆虫身体粘上了花粉，所以当它们飞向别的花朵时，花粉也随之被带到了另一朵花的雌蕊上。就这样，昆虫成功传播了花粉。

由于不知道被风吹散的花粉会飞往何处，所以依靠风力传播时，植物必须生产大量的花粉，从而让花粉能更顺利地传播到别的花朵之上。但昆虫有着明确的移动路径，它们会从一朵花飞到另一朵花，因此由它们帮助搬运花粉无疑是最有效的方式。即便花粉被昆虫吃掉了一些，也不会被过度消耗。

我们人类在和他人交往时，一开始可能会觉得对方很讨厌，但当我们试着友好相处，对方就会成为坚定的伙伴。昆虫对植物来说亦是如此。

人类目前的智慧尚且无法解释植物是如何成功地完成了进化，但植物自身的进化并非毫无计划。

如果一朵花的花粉很容易粘到昆虫身上，那么它的花粉就能被非常高效地搬运，从而生产出更多的种子，这种花的后代也会保留此特征，于是留下更多的后代。历经如此发展，容易让昆虫粘上花粉的花朵就脱颖而出，所有花朵也都逐渐演变成这种形态。

因此，它们就进化成了"能吸引昆虫的花朵"，会用美丽的花瓣进行装饰，或者储备甜甜的花蜜。

初恋对象

但是在进化史中，最先搬运花粉的是哪种昆虫呢？

答案是金龟子。

也许大家会觉得很惊讶，竟然不是蜜蜂和蝴蝶？其实，蜜蜂和蝴蝶是为了吸花蜜才进化成昆虫的，而昆虫最初开始搬运花粉时，蜜蜂和蝴蝶尚未出现在地球上。

蜜蜂和蝴蝶在花朵之间翩翩飞舞，但金龟子却并不如此。

就像初恋很难成功一样，植物的花朵与金龟子之间的关系也很青涩。

金龟子绝不是一种聪明的昆虫。它会"扑通"落在花上，几乎让人觉得它摔了个狗啃泥，吃掉花粉以后它会在花里爬来爬去，然后笨拙地飞走。

如今依然有些花朵靠金龟子传播花粉。

例如春天开放的木兰花，据说它保留了古代植物的特征。得到金龟子帮助的花朵通常构造简单且坚固，即便金龟子横冲直撞也无妨。

如此，昆虫成了帮助植物运送花粉的好伙伴。

双方组队时，如果一方有所损失，那么合作就不会长久。重要的是双赢。

植物会为昆虫提供花粉作为报酬，而得到报酬的昆虫则帮助植物搬运花粉，这种互相帮助的形式真的很棒呢。

请大家想一想，植物为了和昆虫建立友好的合作关系，首先做了什么事情呢？

那就是"给予"花粉，这一点非常重要。

通过先"给予"对方，甚至连狂吃花粉的害虫都能发展为伙伴，构建友好的互助关系。

第4章

——

来自植物的战书

植物面临着生存难题，但后来它们成功且彻底地解决了这个难题。请大家想一想，植物用了什么战术呢？

你也能和植物一样成功地解决这个难题吗？

最初，昆虫以花粉为食。

但花粉于植物而言非常重要，所以植物准备了甜甜的花蜜来代替花粉送给昆虫。后来就诞生了以花蜜为食的蜜蜂和蝴蝶等昆虫。

在进化的昆虫中，有些昆虫搬运花粉的效率很高，有些则很低。站在花的立场来看，既然已经给予了好不容易准备的花蜜，当然希望能吸引高效运送花粉的昆虫。

让我们回到最初的问题——

怎样做才能把花蜜只送给能够高效运送花粉的昆虫呢？

比如蜜蜂就是高效搬运者的代表。

那么，植物要怎样才能把花蜜只送给蜜蜂而不是其他昆虫呢？

选择伙伴

大家在与他人组队时会如何选择伙伴呢？

比如要组建运动会接力队伍，那就需要跑得快的成员，我们就会询问大家体测的短跑用时，然后选择跑得快的人吧？

又如当每个班级需要在音乐会上合奏时，会选择在笛子测试和唱歌测试中表现最好的人吧？

没错，选择队友的方式就是通过测试来测定实力。

同理，植物的花朵也会对飞来的昆虫进行测试，然后只把花蜜给予成功完成课题的昆虫。

但植物无法移动。

如何才能通过测试来选择昆虫呢？

植物的测试方法是将花朵形态设计得更为复杂。

花朵将花蜜隐藏在最深处，然后制作了像逃亡游戏和迷路游戏般的机关，只有最终通关成功的昆虫才能获得隐藏在花朵深处的花蜜。

植物真的能做到吗？

让我们来看看盛开在野外的紫罗兰吧。紫罗兰选择的伙伴是蜜蜂。

紫罗兰下方的花瓣带有白色花纹。

这种花纹是一个暗号，即"此处有花蜜，请留步"。看懂这个暗号的蜜蜂就会在下方的花瓣上停留，从而看到通往花朵深处的路，那里就是花蜜所在的入口。

虽然看上去是很简单的构造，但如果昆虫在上方的花瓣停留，那无论如何都看不到花蜜。牛虻常常会飞到蒲公英花上，但它的飞行距离比蜜蜂短，无法将花粉运送到远处，似乎紫罗兰因此才没有选择牛虻作为伙伴。

和飞向蒲公英的方式一样，牛虻会从上方飞向紫罗兰，然后在上方的花瓣停留，漫无目的地寻找花朵的入口却始终无法进入，最终只好放弃，选择飞走。

而对于解开了花蜜所在处暗号的蜜蜂而言，还有下一个测试在等着它。

下一个任务就是沿着细长且不断延伸的小路进入花朵深处。

如果从侧面观察紫罗兰花，会发现花朵根部和中央相互连通，形成把花蜜藏在最深处的结构，同时又像弥次郎兵卫[1]一样保持平衡。

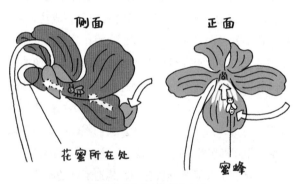

把花朵形态变复杂的紫罗兰

昆虫钻入狭窄的花朵深处以后，必须后退才能返回。

这对于普通昆虫来说很难做到，但蜜蜂却非常

1　日本江户时代一种平衡小人玩具的名称。（编者注）

擅长。

花朵的结构就是如此，只有两项测试都通过的昆虫才能得到花蜜。这两项测试分别为找到花蜜所在的智力测试，以及钻入花朵深处的体力测试。

前往花蜜所在的小路上隐藏着雄蕊和雌蕊，昆虫在途经时背后会粘上花粉。不过这个方法真的很完美，因为昆虫的脚碰不到粘在背上的花粉，所以这些花粉不会被掸落。

恐怕紫罗兰在很久以前就已经选择了蜜蜂作为搬运花粉的伙伴，然后立志要长成只有蜜蜂才能采到蜜的花朵形态吧。如果蜜蜂可以解决问题并成功采蜜，那么花朵就会加大问题的难度，从而让其他昆虫完全无法进入，同时蜜蜂也会进化成能够解决新问题的形态。所以，人们认为紫罗兰等花朵的结构之所以非常复杂，导致其他昆虫难以拆解，是因为出题的紫罗兰和解题的蜜蜂共同发生了进化。我们将此类有两种以上生物相互影响发生进化的现象称为"共同进化"。

大自然中有很多形状有趣、构造复杂的花朵，它们的进化都遵循这个道理。

按计划行事的蜜蜂

蜜蜂这个伙伴真的很优秀。

例如，蜜蜂以雌性蜂王为中心组建大家庭，工蜂会为大家庭中的所有成员奔走采蜜，而它们多次飞来飞去便能搬运更多的花粉，所以这对于植物来说是件很好的事情。

蜜蜂还有一个优点：它们会到处寻找同一种类的花朵。

无论昆虫能搬运多少花粉，如果授粉对象是不同种类的花朵，那么植物就无法播种。只有当一朵紫罗兰的花粉被搬运到另一朵紫罗兰上时，才算完成了初次播种。

蜜蜂在这一点上做得很好，如果飞到了一朵紫罗兰上，那它就会再飞着寻找其他紫罗兰。因此，一朵紫罗兰的花粉能被切实地搬运到另一朵紫罗兰上。不过，蜜蜂并不是因为贴心才特地去寻找紫罗兰。

实际上，这也是植物的计划。

当然了，植物并不会使用超能力操控蜜蜂的大脑，如果蜜蜂希望的话，也可以按照自己的想法飞到附近不同种类的花朵上。

即便如此，蜜蜂还是自主地飞向了同一种类的紫罗兰。

那么，植物是通过怎样的机关装置来做到这一点的呢？

大家知道植物的作战吗？

这就是植物下的第二封战书。

即便很远也想去考的学校

实际上，这也是使花朵形态变得复杂而产生的结果。

到底是怎么回事呢？

请问，你更喜欢每次考试出题都不一样的老师，还是更喜欢每次考试都出一样题目的老师呢？

或者说，如果有一所学校每年入学考试的题目都一模一样，难道你不想去吗？

蜜蜂也一样。

当蜜蜂解开了谜题，好不容易找到了紫罗兰花蜜以后，如果再飞往其他种类的花，那它就必须再次从头开始解题，而且就算成功解开，那朵花也不一定有花蜜。

但是，它已经知道紫罗兰花有花蜜，并且知道如何获得，所以在紫罗兰花中采到花蜜的蜜蜂就会继续寻找能够在其中用相同方法获得花蜜的紫罗兰花，然后飞过去。

因为蜜蜂非常聪明，它们认识并且能够寻找相同种类的花。植物正是利用了蜜蜂的聪明头脑。

大自然中的所有生物都是利己主义者，想着"只要我好就行了"，然后采取只对自己有利的行为，没有生物会为了其他生物而勉强自己。不过，虽然大家都随心所欲，但结果却是众生获利。

当然，也有些生物打算通过欺骗别的生物来窃取成果，不过只是少数。这种生物即便看上去有所得益，但其实并不能在漫长的进化史中成功进化。

　　而且从结果来看，只有构建"自己和大家双赢"关系的生物才得以幸存。

植物的难题

　　那么，让我们来聊一聊最后一个问题。

　　植物准备了满满的花蜜，然后招来了昆虫。

　　但仅仅如此并不算成功，这是不够的。

　　植物招昆虫是因为昆虫帮植物搬运花粉，当飞来的昆虫在身体上粘上了花粉以后，就必须让它飞去另一朵花。

　　为了吸引昆虫，花朵储存着花蜜，但如果花蜜过多，飞来的昆虫就有可能一直待在这朵花上，然后不断吸取这朵花的花蜜。

　　所以植物真心地希望有昆虫飞来，却也希望飞来的昆虫快点离开。

　　那么，怎么做才能让飞来的昆虫快点离开呢？

　　大家有什么战术吗？

　　很遗憾，我们并不知道答案，因为我们尚未完全知晓植物的世界。

　　不过有一种假设让人觉得或许是真的。

那就是让每朵花的花蜜量分布不一致，即有些花的花蜜非常多，而有些花的花蜜却很少。

比如，一家拉面连锁店的餐品备受好评，但是如果所有门店的拉面都是一个味道，那么客人只要去过其中一家店就会满足。可假如不同门店的拉面味道有些许差异，那会怎么样？人们就会想去其他店里尝试。

再如，一个箱子里有很多巧克力，包括好吃的口味和普通的口味。如果一个人已经知道了哪种口味好吃，那么他就只会去吃这种口味。但如果他并不知道什么口味好吃，那又会怎么样？即便他吃了好吃的口味，但如果没吃过其他巧克力，那他就不会知道自己吃的就是好吃的口味。因此，他会接二连三地把所有巧克力都吃掉。

同理，明明是相同种类的植物，但是有些花的花蜜很多，有些却很少。

如果一只昆虫飞到了花蜜很少的花朵上，它可能会觉得这朵花的花蜜一般，于是又飞往下一朵花。

就算那朵花其实花蜜很多，它也不知道，它会觉得也许别的花有更多的花蜜，然后向别的花飞去。

就这样，植物通过分散花蜜促使昆虫在花朵之间移动。

但是，这种作战并不简单。

如果昆虫飞去的全是花蜜很少的花，那么它可能就会放弃在这种植物上徘徊，转而飞往其他种类的植物。

所以，仅仅凭借调节花蜜分布量来吸引昆虫，或者让飞来的昆虫又飞走，其实非常困难。

可是，植物却成功地做到了。真的好厉害啊！你难道不这么觉得吗？

第5章

———

人类和单子叶植物的相遇

戏剧性的创新（技术革新）令世界发生了巨变。

18世纪在英国发生的工业革命就是一场划时代的创新，它让一直以来的手工劳动发展为机械劳动。之后，机械化量产的汽车取代了马车。

近年的电脑、智能手机和AI（人工智能）的开发或许也是一场宏大的技术革新。

让我们说回单子叶植物。

对植物来说，大型的技术革新之一就是从裸子植物进化为被子植物。

在这场技术革新中，花朵发生了天翻地覆的进化。

最终，单子叶植物这一新的创造诞生了。

据说恐龙灭绝于6500万年前。

历经诸多时代后，时间来到了约700万年前。

这时，史上最强、最危险，同时也最可怕的生物在地球上出现了。

你知道那是什么吗？

地球上出现的危险生物

史上最强、最危险、最可怕的生物……是人类。

后来，人类拥有了强大的力量，并让地球的环境发生了巨大变化，轻而易举地逼得很多生物灭绝。

但是，在人类祖先诞生时，即700万年前，人类还是非常弱小的、害怕肉食动物的存在。

我们的祖先最初是生活在非洲森林里的猿猴，但后来森林因为地壳变动和气候变化而消失不见，猿猴失去了食物和藏身之处。为了活下去，它们增长了智慧，于是人类诞生了。

失去了森林的人类重新找到了生活的地方，那里诞生了一种禾本科植物，属于单子叶植物。

我们熟知的稻和小麦等作物都属于禾本科植物，公园里的结缕草和路边的狗尾巴草也是。大家画草丛时，草的叶子都是从地面长出来的吧？那种草丛里的草就是禾本科植物。

禾本科植物在单子叶植物家族中进化得特别成功，因此还有个别称叫作"早熟禾科"。

其实，比起有利的环境，生物在严峻的环境中更容易进化。因为如果不发生变化，就无法存活下去。

少雨干燥的草原对植物来说是很严峻的环境。

禾本科植物就是在如此严峻的环境中完成了进化。

禾本科植物的进化

禾本科植物的特征之一是以风为媒介来运送花粉。

就像第4章中所介绍的，古老的裸子植物原先靠风来运送花粉，但进化成被子植物以后发生了划时代的变化，即以昆虫为媒介搬运花粉。

但是在干涸的大地上，能够帮助植物搬运花粉的昆虫并不多，而风却可以吹遍大地。因此禾本科植物和古老的裸子植物一样，进化成了靠风搬运花粉的类型。

　　人们大都认为花粉症源自植物产生的花粉，但其实花粉症主要的成因还是桧木和杉树等裸子植物以及禾本科植物，因为是它们依靠风把大量花粉吹散。而由昆虫帮助运送花粉的植物不会做散播花粉的无用功。

　　现今，如此古老和进化最快的植物成了花粉症的罪魁祸首。

　　在干涸缺水的大地上，所有生物都拼命求生。

　　和资源丰富的森林不同，草原上可以食用的植物十分有限，因此以植物为食的草食动物过得非常艰难。

　　与此同时，禾本科植物作为动物们的食物也不好过。

　　动物们拼命地到处寻找植物，为食物而互相竞争。虽然动物很艰苦，但作为食物的植物也相当艰难，它们必须在草食动物的"血盆大口"下保护自己。

　　植物无法移动，也无法隐藏或逃跑。

　　如果你是禾本科植物，会怎样保护自己呢？

和草食动物的战斗

植物会通过长刺、制毒等方法来保护自己不被动物吃掉。但是,长刺和制毒都需要材料。

禾本科植物在草原进化,可草原其实是一个很难生存的环境,水分和养分都非常稀有。利用有限的材料来制作刺和毒未必有利于生存。

因此,禾本科植物的第一个战术是让身体僵硬。

事实上,土壤中含有大量的化学元素硅,这种物质能用于制作玻璃。硅元素能让植物的叶子和茎变得很硬,从而避免被动物食用。有时,人触摸狗尾巴草等禾本科植物的叶子时会被割破手指,这就是禾本科植物在用硅元素保护自己。

但草食动物也不能输,因为不进食就会死。因此,牛、马等草食动物的祖先为了能够嚼碎禾本科植物,牙齿进化得非常坚硬。

禾本科植物的第二个战术是减少叶子的营养。作为饵料如果没有营养,那就很难被盯上。

比如,我们人类把十字花科植物卷心菜、菊科植物生菜以及苋科植物菠菜等各种植物的叶子当作蔬菜吃,却几乎不会食用禾本科植物的叶子,这是因为禾本科植物的叶子坚硬且没有营养。

草食动物也没有输。如果其他营养丰富的植物都被吃完了,那就只剩下禾本科植物,不吃则很难在草

边战斗边共存

第 5 章 人类和单子叶植物的相遇

原上存活下去。

为了吃下没有营养的禾本科植物，草食动物该怎么办？

草食动物的进化

如何从营养价值很少的禾本科植物中获取营养，这对于草食动物来说恐怕是非常难的进化。

众所周知，牛有四个胃。这是牛的生存战略。实际上，牛的胃允许很多微生物寄生，因为微生物活动能产生各种养分。换句话说，牛以草为食饲养微生物。

此外，牛的盲肠很长，盲肠中也同样寄生着微生物。这种微生物能分解禾本科植物，并产生养分。

牛和马等动物明明只吃营养很少的草，却保持着庞大的体形，这是因为它们需要在体内储备大量的草以方便微生物寄生，所以必须让体形变得很大。

禾本科植物的划时代作战

即便如此，禾本科植物也有战术。

它们的第三个战术是一种具有划时代意义的进化，即降低茎部的生长点。

植物茎部的生长点位于茎的前端，一边进行细胞分裂一边生长。可一旦茎部前端被动物吃掉，那么植

禾本科植物　　　其他植物

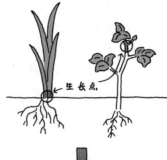
←生长点

被动物所食

生长点残留
←

复活！

←生长点

生长点的不同

物就会失去非常重要的生长点。因此，禾本科植物进化出了一种新形态，即茎部几乎不延伸，其生长点贴近地面，仅叶子不断向上生长。

我们描述草丛时通常就会这么形容。

如果按照这个方法，那么无论被吃掉多少，被吃掉的都只是叶子前端，生长点都不会受损，而茎部只在开花和播种时期迅速伸长，然后抽穗。

就算植物进化成不惧怕被吃的样态，可草食动物也发生了进化，最终变得能够食用禾本科植物。因此，禾本科植物选择了另一种进化方式，即无论被怎么吃都不会灭绝。

公园和球场的草坪上生长着一种名为结缕草的植物。结缕草越修剪反而越茂盛。

结缕草也属于禾本科植物。

对于结缕草来说，被修剪等同于被草食动物吃掉，无论如何被修剪，它的生长点始终不会消失。大幅度的修剪反而帮了它的忙，清除其他植物后，光线能直射到它的根部。结缕草不惧修剪正是因为禾本科植物发生了进化，即无论被怎么吃都无碍生长。

禾本科植物的播种苦功

话说回来，我们吃的米饭是什么呢？

米饭就是煮熟的大米。

那么，大米又是什么呢？

大米是成熟的水稻，其实就是水稻的种子。

我们吃的是植物的种子。

那么，面包和意大利面又是用什么做的呢？

面包和意大利面的原材料是小麦粉。小麦粉是将一种叫作小麦的植物的种子磨碎而形成的粉。如果要追溯面包和意大利面的源头，那它们其实也是植物的种子。

水稻和小麦被归为禾本科植物。

明明世界上有很多植物，为什么我们人类偏偏把禾本科植物的种子当成重要的粮食呢？

这是有原因的。

实际上，禾本科植物的种子含有丰富的淀粉，而淀粉是人类生命活动的能量之源。

植物通过光合作用获取能量。

所谓光合作用，即摄入光的能量的机制。换句话说，就像是太阳能发电一样。

我们用"二氧化碳+水→淀粉+氧气"这个公式来表示光合作用。植物进行光合作用时将太阳光当作能量，而利用太阳能产生的淀粉好比摄入能量的蓄电池。光合作用就是一项为了储藏太阳能而生产淀粉的工程。

人类对于光合作用的印象是"制氧"。氧气对于人类呼吸来说必不可少，但对于植物来说却等同于生产淀粉时排出的废弃物。

我们动物要呼吸，当然，对植物来说呼吸也很重要。让我们一起回忆一下呼吸作用的公式吧。

我们用"淀粉＋氧气→二氧化碳＋水"这个公式来表示呼吸作用。

没错，呼吸作用与光合作用完全相反。

在光合作用中，"光"这种能量是必需的，但呼吸是一种反向作用，所以它和光合作用相反，会释放能量。也就是说，呼吸作用会分解"淀粉"这种蓄电池，然后获得生存必要的能量。淀粉是植物能生产的最简单的能量源。

植物的种子主要含有淀粉、蛋白质和脂肪。淀粉是能量源。蛋白质是植物体的原材料。脂肪也是能量源，且能产生的能量比淀粉更多。因为脂肪是油，所以就像汽车要靠汽油运行，炉子要靠灯油燃烧一样，是一种非常优越的能量源。

向日葵、油菜和芝麻等植物的种子均含有丰富的脂肪，是食用油的原料。无论是向日葵长得高高大大，还是油菜籽和芝麻种子虽小却无碍茁壮成长，都是因为它们含有丰富且能量充足的脂肪。

但是，禾本科植物生活在环境条件非常严酷的草原，并无余力生产多余的物质。因此，禾本科植物就把最容易生产的淀粉储存在种子里，这也成了我们的粮食。

草原上诞生人类是禾本科植物完成进化很久以后

的事情。

但遗憾的是，人类刚刚诞生时无法把禾本科植物的种子当作粮食。因为当时禾本科植物为了不被草食动物吃掉，其茎部会在短时间内迅速伸长，然后拼命地播撒种子，而要把播撒在土地上的种子一粒一粒捡起来吃并不容易。

因此，当时人类无法食用生长于草原的禾本科植物。

农业的诞生

这是一个假想——

某个时候，发生了历史性的大事。

植物常常突然发生变异。

某时某地，某人发现了突然变异的植株，明明已经出穗了，却没有掉下种子。

这是一个重大发现啊。

因为种子一直粘在穗上不掉落，所以人类能够吃到种子。

如果不吃，任其掉落到地上，那也可以进行播种，长出更多的植物，而这些植物或许也会继承种子不掉落的性质。

小麦栽培从此开始。

这就是农业的起源。

种子具有非常优越的特征。

那是很久很久以前的事了。当时还没有冰箱，人们捕获了动物、收获了植物果实以后，想保存却无能为力，于是随着时间的流逝，肉和果实便会腐烂。即使量大得根本吃不完，但无法保存就意味着无法独占。

种子却不一样。植物的种子可以在土壤中一直存活下去。因此，种子不管放多久都不会轻易腐烂，可以大量储存。

就这样，种子富人和种子穷人之间产生了贫富差距。后来，为了获得更多的种子，人们便引水造田，逐渐开始栽培小麦。

人们平日里储存种子，当有想要的东西时，也许就会用种子去交换。种子之于当时的人们而言就相当于货币。

大家听说过埃及文明、美索不达米亚文明、印度河文明和黄河文明吗？人们普遍认为这些古代文明的繁荣发展皆源于小麦栽培。

水稻的进化

结出大米的水稻是禾本科植物。人们在稻田里灌满水然后栽培水稻。

水稻原本是生长在湿地的植物。

那么问题来了。

如同我们之前所说，禾本科植物在干燥的大地上完成了进化，为什么水稻却长在了湿地呢？

这是有原因的。

进化之后，禾本科植物在茎部不伸长的情况下降低了生长点。

实际上，虽然生长在湿地，这种形态也非常具有优越性。

就像我们在泳池潜水时会呼吸困难一样，在水中吸收氧气并非易事。植物也一样。因为很难吸收水中的氧气，所以为了在水中伸展根部，必须确保氧气的供应。

不过，因为禾本科植物的叶子和根部之间的距离很短，所以可以轻轻松松地把叶子吸收到的氧气运送到根部，就像吸收水面上空气的（潜水艇）通气管一样。

如此一来，在干燥地带进化的禾本科植物也可以在湿地大量生长。水稻就是适应了湿地的禾本科植物之一。

中国北方有一条流贯东西的河流，名为黄河，在黄河流域繁荣发展的是黄河文明；南方还有一条流贯东西的河流，名为长江，在长江流域繁荣发展的是长江文明。黄河文明因诞生于美索不达米亚文明的小麦而繁荣，与之相对，长江文明的繁荣则被认为归功于水稻。

水稻同小麦一样，即便已经被果实压得弯弯的，米粒也不会掉到地上。兴许人类发现水稻也和小麦一样突然发生了变异，种子不会掉落，于是开始栽培水稻。

水稻在绳纹时代后期至弥生时代传到日本，然后在日本全国推广种植。

第6章

——

真的是强者为胜吗？

旧东西就是好的?

旧东西经过改良,就成了新的东西。

但还有旧东西比新东西更好吗?

相较于用笔记本电脑和智能手机等发送电子邮件,手写信是一种古老的通信方式。但手写信书写着写信人的心意,收到的话会令人不由得感到非常开心。

相较于高速运行的新干线,靠煤炭行驶的蒸汽机车在速度和舒适度方面都远不能及,但蒸汽机车能让人拥有悠闲的旅行心情,非常受欢迎。

在炉灶上用柴火煮饭是一种很古老的烹饪方式,但即便发生了灾害导致断电和断天然气的情况,也不会影响使用。而且,据说用炉灶煮出来的饭非常好吃,新式自动饭锅的开发目标就是煮出像柴火饭那样的味道。

有时候的确是旧东西更胜一筹。

植物也同理。

让我们来复习一下植物的进化吧。

一开始,裸子植物进化成了用子房保护胚珠的被子植物。

那时的植物大致分为裸子植物和被子植物。

不久以后,被子植物中出现了重视速度的单子叶植物,因此,被子植物又被分为单子叶植物和双子叶植物。

重视速度的单子叶植物全都是草，但后来双子叶植物分化成了木本植物和草本植物，前者完成各种进化后成了树，后者则成了草。

裸子植物可谓迁移到内陆并生产种子的最古老的植物。

裸子植物起源于恐龙时代。虽然人们认为绝大多数裸子植物都已经灭绝，但其实它们并没有灭绝得像恐龙那样彻底。即便到了现在，松树和杉树等裸子植物也依然存活着。为什么会这样呢？

裸子植物的古老系统

相较于古老的裸子植物，被子植物发生了戏剧性的进化。

如同之前所说，被子植物进化的原因之一是"用子房包裹胚珠"，且仅仅因此就成功提升了进化速度。接着，它又让"花"实现了机能性的进化。

促使被子植物进化的因素不止于此。

运输水分的导管也帮了忙。

所谓导管，就是用于运输根部吸收的水分和养分的管道。因此，它的流动方向为自下而上。与之相对，筛管则是用于把叶子生成的养分运输至植物体内的管道，作用类似于人类的血管。

导管和筛管的束状结构称为"维管束"。"维管束"这个名字取自其字面意思，即"纤维管的束"。

它已经在第1章（第7页）中出现过。大家还记得吗？

双子叶植物的维管束呈环状排列，整齐又漂亮，内具形成层。

单子叶植物重视速度，维管束毫无队形，乱七八糟。

对了，导管的位置相较于筛管更靠内侧，这是因为水分流动对于植物来说比营养流动更为重要，可以理解为重要的水分贯穿整个植物体中央。而且，输水的导管其实由死去的细胞组成，就像树木刻画着年轮渐渐长大一样，植物也是通过向外扩张逐渐长大的。因此，死去的细胞位于内侧。

导管类似于运输水的管道。这样说来，"导管"一词与"水管"非常相似。被子植物在茎内"挖"出了专门用于运输水的管道，让水分可以流经，其作用等同于水管。

另一方面，裸子植物则利用"假导管[2]"——而非导管，来运输水分。假导管即假的导管，所以相较于导管而言是一种劣质的古老系统。它的运水原理是：管胞细胞和管胞细胞之间有小洞，水流按序通过小洞，从一个细胞被运输到另一个细胞，好似接力传递

2　学名管胞。（译者注）

水桶里的水。

假导管的效率相较于被子植物的新系统导管而言更低，但有时候假导管却比导管更加优越，真是非常有意思。

那么，假导管究竟优越在哪里呢？

新系统的缺点

"导管"这种新系统存在缺点。

那就是难以应对结冰的状况。

如果液态的水结冰，大家知道它的体积会发生什么变化吗？

一般来说，如果温度升高，物质就会膨胀，体积变大；如果温度降低，物质就会缩小，体积变小。

水也一样，温度高则体积膨胀，温度低则体积缩小。水对于我们来说是最常见的物质，但它也是地球现存物质中最容易改变性质的物质。改变的性质之一就是温度下降变成冰以后它就会膨胀，体积变大。

因此，当气温降至冰点以下，水就会结冰，导致体积膨胀，引发水管破裂的事故。

植物的导管不会破裂，但导管中的冰融化时却会产生问题——冰一旦融化成水，就会导致体积变小，从而产生缝隙。

导管中的水通过形成水柱而被向上吸引，可如果水柱中存在缝隙，就无法实现这个功能。

但裸子植物不一样。

假导管就像水桶接力一样把水从一个细胞运送到另一个细胞，虽然速度比较缓慢，却可以实实在在地运水。

因此，在水会结冰的寒冷地带，古老的裸子植物比崭新的被子植物更容易生存。

大家听说过北方针叶林吗？所谓北方针叶林就是指地处西伯利亚、加拿大等北方寒冷地域的广阔森林，主要由裸子植物组成。

寒冷的日本北海道也有大片的森林，那里生长着库页冷杉和鱼鳞云杉等裸子植物，高海拔的山上还长有偃松。

这些裸子植物的叶子呈细长状，表面积很小，从而能避免热量蒸发，因形似细针，所以也被称为"针叶树"。

虽然被说很老套，但裸子植物却找到了能发挥自己强项的地方，并且取得了极大成功。

有一个"地方"适合所有植物生存

被子植物中的单子叶植物是最新式的植物。

但是，如果说地球上所有的植物都是进化后的单子叶植物，那也并非如此。

第 6 章　真的是强者为胜吗？

我们的身边既有单子叶植物，也有双子叶植物；既有草，也有树，还有松树和杉树等裸子植物，虽然古老，但它们并未灭绝。

植物的花朵也有了新形态，即由蜜蜂搬运花粉的复杂构造，但同时依然盛开着一些简单的花朵，幸存的并不只有新形态花朵。

这到底是怎么一回事呢？

新式植物有适合它们的环境，古老的植物也一样。

各种各样的植物都有各自适合的环境，所以各种各样的植物都得以存活。

当然，古老的植物已经不再是从前的模样，它们去糟粕，留精华，同时又进化成了适合新时代的形态。

虽然按照出现的先后顺序来讲，裸子植物比较古老，而隶属于被子植物的单子叶植物更新，但所有类型的植物都各自进化出了适合新时代的形态。

对植物来说，"强大"是什么？

大自然有"弱肉强食"和"适者生存"等说法，也就是说，弱者会灭绝，强者才得以生存。

的确，大自然的竞争非常激烈，而且也不像我们人类世界一样存在法律、规则和道德，那是个无论做什么，只有活下来才是胜利的严峻世界。

可是，如果真的只有强者生存，那么世界上活下来的仅会有少部分"打了胜仗"的植物。但事实却并非如此，世界上真的有好多植物呀！

对植物来说，何谓强大呢？

植物世界里各种各样的植物各有强大之处。比如比旁边的植物长得更繁茂，抢走旁边植物的阳光等，还有一些植物厉害在身处缺水之地却能一直忍耐，或者随着洪水逐流却依然能再次发芽。

那么对于大家来说，强大又是什么呢？

是比别人学习更好吗？还是比别人跑得更快？或者是比别人更擅长吵架？当然，这些可能都是强大的表现之一。但通过观察植物的世界我们会发现，强大并非简单之事。强大有很多种形式，也包括很多种赢法。正因为如此，各种各样的植物才会开出色彩缤纷的花。

弱者灭亡、强者生存是大自然的铁则。不过，植物们所找到的强大到底是什么呢？

答案是"种类繁多"以及"各不相同"。

"很多"东西相互联结，组成了"一个"世界。

这就是植物进化后所创造的世界。

最终章

———

植物所重视的事

杂草很难养吗?

大家养过杂草吗? 恐怕没有吧。

我这个研究植物的人就养杂草。

但养杂草这件事的难度其实远超想象。

大家是不是都觉得, 杂草嘛, 放着不管随便养养就行? 当然了, 随便养养也能养, 可如果想要好好养, 就没有那么简单了。

毕竟, 杂草就算是播下了种子也不会发芽。

如果是蔬菜和花的种子, 只要播了种、浇了水就会发芽, 杂草却是浇了水也依然"无动于衷"。

人类会在适合发芽的时期播种蔬菜和花的种子, 所以它们会按照人类的计划发芽。而杂草则由自己决定何时发芽, 因此它们也就不会按照人类设定的剧情发展。

即便觉得, 啊呀终于发芽了, 之后也有一堆麻烦事儿等着。

蔬菜和花的种子会同时发芽。但杂草发芽的时间并不确定, 有早有晚, 有的在已经遗忘它的时候才发芽, 也有的一直沉睡, 迟迟不发芽。

为什么会这么乱七八糟呢?

急性子好，还是慢性子好？

大家知道苍耳吗？

因为它带刺的果实会粘在衣服上，所以别名"粘人虫"。可能还有人把果实扔着玩，或者粘到衣服上嬉闹。

切开苍耳果实，会发现里面有两颗种子。

苍耳的种子

性格不同的双生种子

一颗是急性子，很快就会发芽。

另一颗则是慢性子，发芽很迟缓。

那么，急性子的种子和慢性子的种子哪一个更好呢？

这个问题无解。

发芽快好还是发芽慢好？

这个问题的答案会根据时间和场合的不同而发生变化。

大自然的本质是竞争，所以我们通常会认为发芽快更占优势。但即便发芽十分迅速，当时的环境却未必适合繁衍，因此在那种情况下，慎重地发芽或许更好。

因为不能确定到底是发芽快更好一些，还是发芽慢更好一些，所以两者兼具的苍耳就很占优势。

在大自然中，"什么更优越""什么是正确的"这些问题并没有答案，所以"种类繁多"这件事就非常有价值。

有一种战略叫"个性"

地球上的生物多种多样，我们称之为"生物多样性"。

你听过"生物多样性"这个词吗？

如果只是有很多同一种类的生物，那就不叫多样性，种类一定要丰富。

生物多样性还有其他含义。

就像苍耳的两颗种子有不同的性格一样，即便是同一种类的生物，性质也各不相同。

我们将生物种类繁多这一现象称为"物种多样

性"，与之相对，同一种类的生物性质不同的现象则被称为"遗传多样性"。

遗传多样性在人类世界中可能就叫作"个性"。

蒲公英的花色没有个性

大自然中的植物非常重视个性。

但是，有一件不可思议的事情。

蒲公英的花全都是黄色，人们从未发现过紫色或红色的蒲公英。

蒲公英的花色没有个性。

这是为什么呢？

蒲公英主要召唤牛虻帮助它们运送花粉。

虽然蜜蜂是很优秀的伙伴，但要召唤蜜蜂就必须准备很多花蜜，而召唤牛虻就很容易，不用花费任何成本。

牛虻倾向于飞往黄色的花朵，因此对蒲公英来说，最能招来牛虻的花色就是黄色。因为确定了黄色为最佳花色，所以所有蒲公英都是黄色。

因为已经知道了正确答案，所以就没有必要特地把花色搞得各不相同。

但蒲公英的种子发芽时倒是情况各异，叶子的形状和植株的大小都不一样。

当蒲公英不知道哪一个才是正确答案时，就非常重视差异性。

个性是生物的生存策略，并非毫无理由。个性的存在是有意义的。

因为有必要，所以有个性

那么，我们人类又是怎样的呢？

每个人都有两只眼睛，因为对于人类来说，两只是最优数量。

虽然你可能会认为眼睛有两只是理所当然的，但其实并非如此。例如，昆虫除了有两只复眼外，还有三只单眼。也就是说，昆虫一共有五只眼睛。

很久以前，古生代的大海中也有五只眼睛的生物和一只眼睛的生物。但是现在，我们人类的眼睛是两只，因为生物进化后得出一个结论——眼睛的数量不需要个性。

可是，我们的长相各不相同，没有一个人和另一个人拥有一模一样的长相。每个人的性格也不同，擅长的事情更是因人而异。

生物没有无意义的"个性"。

我们的性格和特征之所以具有个性，是因为个性对于人类这一物种来说是必要的，因为"和别人不一样"这件事很重要。

成年人或许会根据大家的个性片面地断定"这个

好"或者"这个不行",可能会装作恰好知道答案,又或许想要在有局限性的测试中进行排名或者打分。

但纵观漫长的进化史,我们其实并不知道究竟什么是正确的,什么更优越。

正因为如此,植物才具有多种多样的个性。

人类亦然。

你也不例外,你的个性独一无二。

结语

我们为什么要学习呢？

大家爬过山吗？

爬山这件事非常难，可是随着越爬越高，我们便能看到山下的风景，也许还能看到我们的学校和家，甚至还能看到远方的城市。

如果再往上爬，风景便会愈发广阔。我们也许能看到远处的大海，还能看到海对面美丽的群山，让你想要高兴地大喊"呀吼——"。

其实学习也是如此。我们学习的知识越多，便能看到越广阔的风景，对我们所生活的这个世界就会有更多的了解。

当我们看不到美丽的风景时，也许继续攀登并不快乐，或许还会心生疑问——攀登究竟是为了什么？但是，请不要停下你的脚步。

大家自出生至今一直在学习日语，也一直在学习平假名和汉字，于是能够看懂电视，也能够玩游戏，还能看懂这本书，这就是学习的意义。

虽然有时也会受挫，会跌倒，但只要继续攀登，那么终将收获令人想大喊"呀吼"的美景。

这就是学习的意义。

我们生活的世界充满了美好与不可思议，充满了欢欣雀跃和紧张激动。你不想看看那样的风景吗？不想试着攀登那样的高山吗?

好了,往前走吧! 未知的冒险之旅才刚刚开始。

最后,向给予我这次出版机会的筑摩书房吉泽麻衣子女士致以我深深的谢意。

推荐书目

常常有人问我:"请问您有什么推荐的书吗?"

每当这个时候,我总是不知道该如何回答。

有时候在大家眼里非常有趣的漫画和游戏,我却感受不到其乐趣所在;有时候别人推荐的应读书目,我也觉得没有任何吸引我的地方。

同样,我觉得非常有意思的书,对于大家来说也不一定有趣。也许改变了我人生的书籍对于大家来说却没有任何价值,这也很正常。

事实如此。

这样很好。

就像本书中所介绍的那样,生物非常重视"多样性",我们人类称之为"个性"。有人觉得有趣,有人觉得没意思,这就是个性,就是多样性。自己和其他人不一样是一件有价值的事情,就算其他人和你不一样,那也是理所当然的。差异的存在很重要。

虽然我没有推荐书目,但我建议大家去阅读。

我记得一些书,它们有的令我印象深刻,有的教我快乐,有的让我反复阅读,还有的在我痛苦时给予我支持,改变我的人生。

书就是有那样的力量。

大家会觉得有些书没意思吧?但应该也有些书对大家来说很重要。正因如此,我希望大家能凭借自己的力量找到那样的书，也希望大家能遇见有价值的书。

　　如果你找到了那样的书，请告诉我，告诉我"这本书很有趣哦"。或许我不懂大家推荐的书，即便如此，也请原谅我。

　　对你而言很重要的书不属于任何人，而是独属于你的宝物。

小开本 CNπ Q
轻松读毛文库

产品经理：邵嘉瑜
视觉统筹：马仕睿 @typo_d
印制统筹：赵路江
美术编辑：梁全新
版权统筹：李晓苏
营销统筹：好同学

豆瓣 / 微博 / 小红书 / 公众号
搜索「轻读文库」

mail@qingduwenku.com